# 어린이
# 물고기 비교 도감

서로 닮은 물고기를 쉽게 구별할 수 있어요

글·사진 노세윤 | 그림 류은형

진선아이

# 머리말

깊은 산속 옹달샘에서 솟아난 물은 산 아래쪽으로 흐르면서 다른 산에서 흘러내려온 물과 만나요. 이렇게 구불구불 산을 돌아 계속 만나면 시내가 되고 점점 더 넓은 강을 이루어 바다로 흘러가요. 옹달샘 물이 바다로 흘러 나가는 긴 물길 속에는 수만 년 전부터 우리 곁에서 살아왔던 아름다운 물고기들이 있어요. 하지만 땅 위에 사는 다른 동물처럼 눈에 잘 띄지 않기 때문에 아쉽게도 쉽게 만날 수가 없어요. 물고기를 만나려면 조금 수고스럽더라도 냇가로 가 직접 채집해 관찰하거나 가까운 과학관, 전시관을 찾아가야 해요.

우리가 살고 있는 지구의 강과 바닷속에는 3만여 종의 물고기가 살고 있어요. 우리나라에는 1천 2백여 종의 물고기가 사는데 소금기 없는 냇물이나 강에는 2백 30여 종의 물고기가 살고 나머지는 짠 바닷물에서 살아요.

물고기는 물의 무게를 이기고 쉽게 헤엄치기 위해 모두 몸이 납작하거나 길쭉하게 생겨 비슷한 모양을 하고 있어요. 그렇지만 자세히 살펴보면 몸의 색깔도 다르고 사는 곳이나 먹이의 종류에 따라 생김새도 조금씩 다르다는 것을 금방 알 수 있어요.

《어린이 물고기 비교 도감》은 물고기의 여러 부분과 특징을 비교하면서 서로 다른 점을 쉽고 재미있게 이해하도록 이끌어 줍니다. 이 책을 통해 평소에 우리가 알지 못했던 물고기를 만나고, 그 모습을 하나하나 관찰한다면 물길 속에서 오래전부터 살았던 아름다운 우리 물고기를 사랑하게 될 거라 확신해요.

2015년 봄 노세윤

# 차례

# 이렇게 활용하세요

❶ 모습이 서로 닮은 두 물고기의 특징을 글과 사진으로 확인하세요.

❷ 두 물고기의 전체적인 모습을 꼼꼼히 비교하여 살펴보세요.

❸ 두 물고기의 입수염, 몸, 지느러미 등을 비교하면서 공통점과 차이점을 찾아보세요.

❹ 개천과 강, 전시관 등에서 만난 물고기의 이름을 찾고 비슷한 물고기를 구별해 보세요.

❺ 여러 물고기를 관찰하면서 각 부분의 기본적인 구조도 살펴보세요.

❻ 부록에서 각각의 특징을 지닌 물고기를 찾아보고, 물고기의 이웃사촌을 알아보세요.

# 잉어와 붕어

잉어와 붕어는 다른 물고기보다 알을 많이 낳고 오래 살아요.
옛날부터 건강과 재산, 행운을 상징하여 우리에게 매우 친숙한 물고기예요.
잉어는 고인 물의 바닥 근처를 헤엄치기 좋아하고, 붕어는 수초가
많은 곳을 좋아해요. 두 물고기 모두 봄과 여름 사이에 알을 낳아요.

> 잉어는 모래를 입으로
> 빨아들이는 물속의
> 진공청소기랍니다.

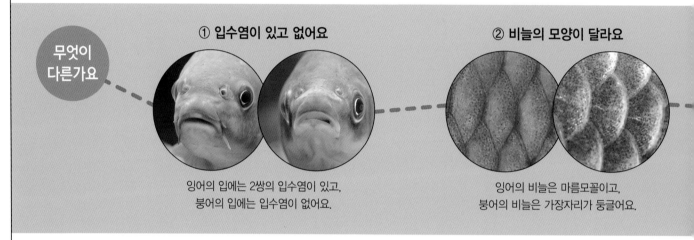

**무엇이 다른가요**

**① 입수염이 있고 없어요**

잉어의 입에는 2쌍의 입수염이 있고,
붕어의 입에는 입수염이 없어요.

**② 비늘의 모양이 달라요**

잉어의 비늘은 마름모꼴이고,
붕어의 비늘은 가장자리가 둥글어요.

**몸**
곤봉처럼 길쭉해요.

**등지느러미**
앞부분이 솟아 있어요.

**비늘**
비늘의 모양이
마름모꼴이에요.

**잉어**

**입수염**
2쌍의 입수염이 있어요.

## 잉어는

바닥 근처를 헤엄쳐 다니면서 모래나 진흙을 빨아들여 먹이는 삼키고 나머진 뱉어 내요. 그래서 잉어가 지나간 자리는 참 깨끗해요. 다른 물고기보다 오래 살아서 어떤 잉어는 30년에서 40년을 살기도 해요.

## 붕어는

잉어와 많이 닮았지만 수염이 없고 등지느러미의 모양이 달라요. 아무것이나 가리지 않고 잘 먹고, 논이나 연못, 냇물 등에 고루 살아요. 고인 물에 사는 붕어의 몸은 더 노란색을 띠어요.

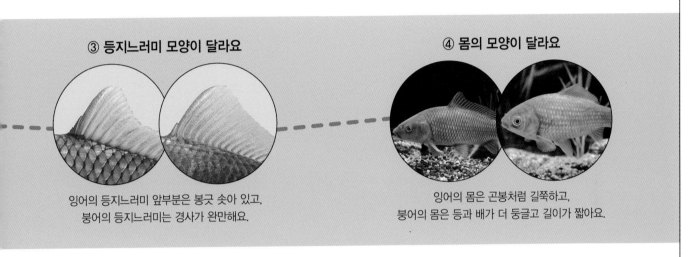

③ 등지느러미 모양이 달라요

잉어의 등지느러미 앞부분은 봉긋 솟아 있고,
붕어의 등지느러미는 경사가 완만해요.

④ 몸의 모양이 달라요

잉어의 몸은 곤봉처럼 길쭉하고,
붕어의 몸은 등과 배가 더 둥글고 길이가 짧아요.

**몸**
아래위가 둥글고,
길이가 짧아요.

**등지느러미**
경사가 완만해요.

**입수염**
입수염이 없어요.

**비늘**
비늘의 가장자리가 둥글어요.

붕어

어린 붕어들이 바위 사이를
헤엄치고 있어요.

# 흰줄납줄개와 각시붕어

흰줄납줄개와 각시붕어 같은 납자루 종류의 물고기는 봄과 여름 사이에 민물에 사는 조개의 몸 안에 알을 낳아요. 이 무렵 수컷 물고기는 새색시가 화장을 한 듯 진한 빨간색으로 알록달록하게 몸 색깔을 바꿔 암컷을 유혹해요. 흰줄납줄개는 각시붕어보다 몸이 더 홀쭉해요.

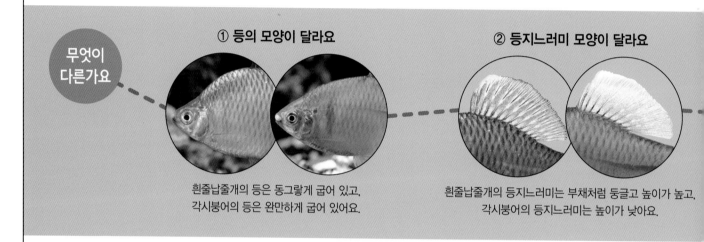

**무엇이 다른가요**

**① 등의 모양이 달라요**

흰줄납줄개의 등은 동그랗게 굽어 있고, 각시붕어의 등은 완만하게 굽어 있어요.

**② 등지느러미 모양이 달라요**

흰줄납줄개의 등지느러미는 부채처럼 둥글고 높이가 높고, 각시붕어의 등지느러미는 높이가 낮아요.

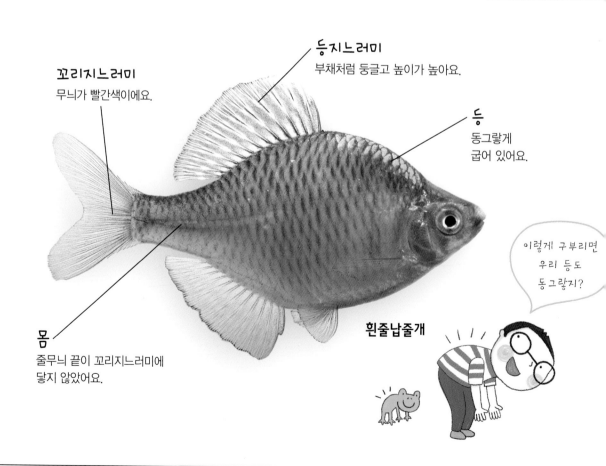

**꼬리지느러미**
무늬가 빨간색이에요.

**등지느러미**
부채처럼 둥글고 높이가 높아요.

**등**
동그랗게 굽어 있어요.

**몸**
줄무늬 끝이 꼬리지느러미에 닿지 않았어요.

**흰줄납줄개**

이렇게 구부리면 우리 등도 동그랗지?

## 흰줄납줄개는

물풀이 많은 곳에 여러 마리가 모여 살며 물속에 사는 작은 곤충이나 실지렁이 등을 먹어요. 덩치가 큰 민물조개에 알을 낳아요. 수컷 흰줄납줄개는 조개와 암컷을 차지하려고 서로 다투어요.

## 각시붕어는

진흙이나 모래가 있고 물풀이 많은 곳에서 돌이나 물풀에 붙어사는 작은 곤충이나 물벼룩, 물풀 등을 먹어요. 수컷 각시붕어는 알을 낳기 전에 암컷을 유혹하려고 몸을 파르르 떨며 춤을 추어요.

### ③ 몸 가운데 파란색 줄무늬의 길이가 달라요

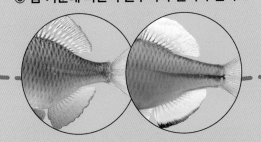

흰줄납줄개의 줄무늬 끝은 꼬리지느러미에 닿지 않고,
각시붕어의 줄무늬 끝은 꼬리지느러미에 맞닿아 있어요.

### ④ 꼬리지느러미 무늬의 색깔이 달라요

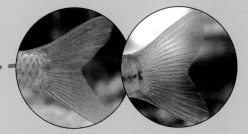

흰줄납줄개의 꼬리지느러미 줄무늬는 빨간색이고,
각시붕어의 꼬리지느러미 줄무늬는 주황색이에요.

**등지느러미**
높이가 낮아요.

**꼬리지느러미**
무늬가 주황색이에요.

**등**
완만하게 굽어 있어요.

**몸**
줄무늬 끝이 꼬리지느러미에 맞닿아 있어요.

**각시붕어**

산란관을 길게 늘어뜨린 암컷이 민물조개에 알을 낳으려고 해요.

# 납자루와 납지리

납자루와 납지리는 생김새가 많이 닮았지만 몸의 색깔이나 지느러미의 무늬로
구별할 수 있어요. 알을 낳을 때에 두 수컷 물고기의 몸 색깔은 보통 때보다
더욱 화려해져요. 알을 밴 암컷이 멋진 수컷에게 더 관심을 보이기 때문이에요.
납자루는 늦은 봄에, 납지리는 가을에 알을 낳아요.

납지리는 위아래
지느러미가 모두 빨갛네!

**무엇이
다른가요**

**① 입수염의 길이가 달라요**

**② 아가미 뒤에 반점이 있고 없어요**

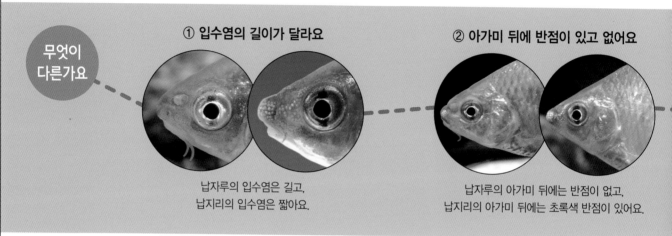

납자루의 입수염은 길고,
납지리의 입수염은 짧아요.

납자루의 아가미 뒤에는 반점이 없고,
납지리의 아가미 뒤에는 초록색 반점이 있어요.

**등지느러미**
위쪽 앞부분에 빨간색 띠무늬가 있어요.

**아가미**
아가미 뒤에 반점이 없어요.

**꼬리지느러미**
무늬가 없어요.

**뒷지느러미**
가장자리에 빨간색 띠무늬가 있어요.

**납자루**

**입수염**
길이가 길어요.

## 납자루는

물이 빠르게 흐르는 곳에 살아요. 돌에 붙은 조류나 물벌레 등을 먹어요. 알을 낳을 때가 되면 수컷 납자루는 몸이 붉어지고 뒷지느러미의 빨간색 띠무늬가 더욱 굵어져요. 사는 곳에 따라 빨간색 띠무늬의 굵기가 달라요.

## 납지리는

물이 천천히 흐르고 물풀이 있는 곳에서 수초나 돌말 등을 먹고 살아요. 알을 낳을 때가 되면 수컷 납지리의 지느러미가 빨갛게 바뀌어요. 납자루 종류 물고기 가운데 가장 늦은 시기인 가을에 알을 낳아요.

### ③ 등지느러미 무늬의 모양이 달라요

납자루의 등지느러미에는 눈썹 모양의 빨간색 띠무늬가 있고, 납지리의 등지느러미에는 빨간색 무늬가 전체에 퍼져 있어요.

### ④ 뒷느러미 무늬의 모양이 달라요

납자루의 뒷지느러미에는 빨간색 띠무늬가 있고, 납지리의 뒷지느러미에는 빨간색 무늬가 전체에 퍼져 있어요.

**아가미**
아가미 뒤에 초록색 반점이 있어요.

**등지느러미**
빨간색 무늬가 전체에 퍼져 있어요.

**입수염**
길이가 매우 짧아요.

**납지리**

**꼬리지느러미**
가장자리에 빨간색 띠무늬가 있어요.

**뒷지느러미**
빨간색 무늬가 전체에 퍼져 있어요.

알을 다 낳으면 몸 색깔이 옅어져요.

# 묵납자루와 칼납자루

묵납자루는 한강 줄기에 살고, 칼납자루는 금강, 섬진강, 낙동강 등에 살아요.
두 물고기 모두 봄과 여름 사이에 알을 낳아요. 두 물고기는 모습이 비슷하지만
색깔이 아주 달라요. 묵납자루의 몸은 검푸른색이고 지느러미에 노란색 띠무늬가
있고, 칼납자루의 몸은 짙은 갈색이고 지느러미에 주황색 띠무늬가 있어요.

묵납자루는 수컷끼리
자주 다투어요!

---

**무엇이
다른가요**

**① 등의 모양이 달라요**

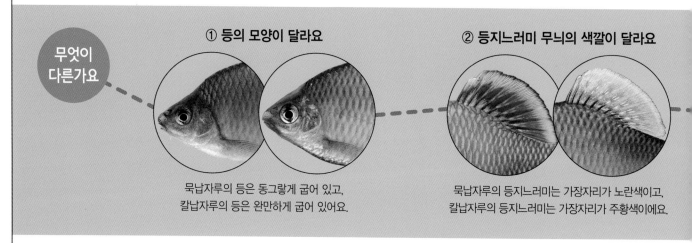

묵납자루의 등은 동그랗게 굽어 있고,
칼납자루의 등은 완만하게 굽어 있어요.

**② 등지느러미 무늬의 색깔이 달라요**

묵납자루의 등지느러미는 가장자리가 노란색이고,
칼납자루의 등지느러미는 가장자리가 주황색이에요.

---

**등지느러미**
가장자리가 노란색이에요.

**몸**
검푸른색이에요.

**등**
동그랗게
굽어 있어요.

멸종 위기종
이에요.

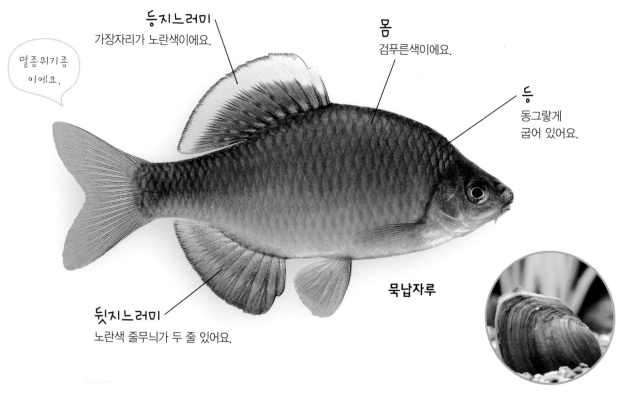

**뒷지느러미**
노란색 줄무늬가 두 줄 있어요.

**묵납자루**

민물에 사는 조개에 알을 낳아요.
새끼는 한 달 뒤 조개의 몸 밖으로 나와

## 묵납자루는

물풀이 우거진 곳에 살면서 물벌레나 돌에 붙은 조류를 먹어요. 다른 수컷 묵납자루가 다가오면 주둥이로 몸을 부딪쳐 쫓아내요. 사람들이 물을 깨끗하게 하지 않아서 이제는 만나기가 아주 어려워졌어요.

## 칼납자루는

너른 들판을 흐르는 물줄기에서 살아요. 돌이 많고 물풀이 우거진 곳에 모여서 물벌레나 물풀, 돌에 붙은 조류를 먹고 살아요. 수컷 칼납자루는 자기들끼리 종종 싸우기도 한답니다.

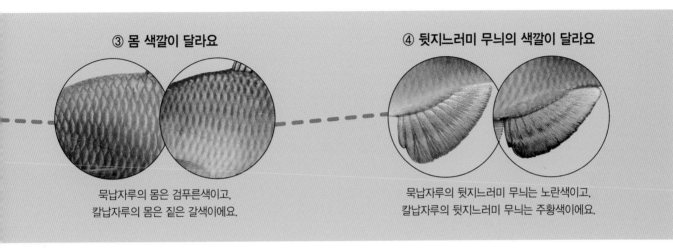

③ 몸 색깔이 달라요

묵납자루의 몸은 검푸른색이고,
칼납자루의 몸은 짙은 갈색이에요.

④ 뒷지느러미 무늬의 색깔이 달라요

묵납자루의 뒷지느러미 무늬는 노란색이고,
칼납자루의 뒷지느러미 무늬는 주황색이에요.

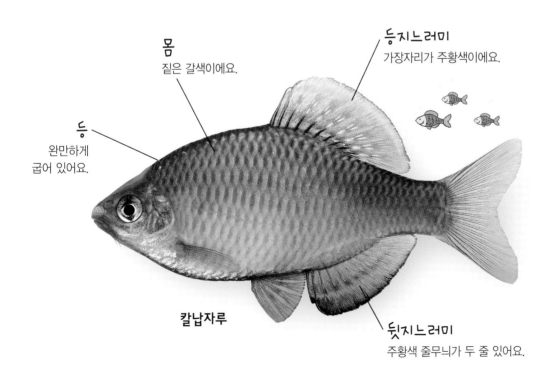

몸
짙은 갈색이에요.

등지느러미
가장자리가 주황색이에요.

등
완만하게
굽어 있어요.

칼납자루

뒷지느러미
주황색 줄무늬가 두 줄 있어요.

# 참붕어와 돌고기

어디 보자, 돌고기 윗입술이 내 코를 닮았다고?

참붕어와 돌고기는 유선형으로 모양이 비슷하지만 입과 비늘의 모양으로 구별할 수 있어요. 두 물고기 모두 봄과 여름 사이에 알을 낳아요. 수컷 참붕어는 새끼가 깨어날 때까지 알을 돌보고, 돌고기는 다른 물고기의 알자리에 알을 낳아 자기의 알을 대신 돌보게 해요.

**무엇이 다른가요**

**① 입이 열리는 방향이 달라요**

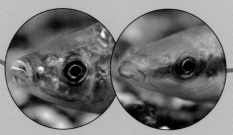

참붕어의 입은 위쪽을 향하고, 돌고기의 입은 앞쪽을 향해요.

**② 입술의 두께가 달라요**

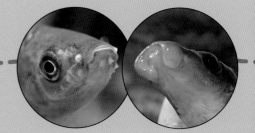

참붕어의 윗입술은 얄팍하고, 돌고기의 윗입술은 돼지의 코처럼 두툼해요.

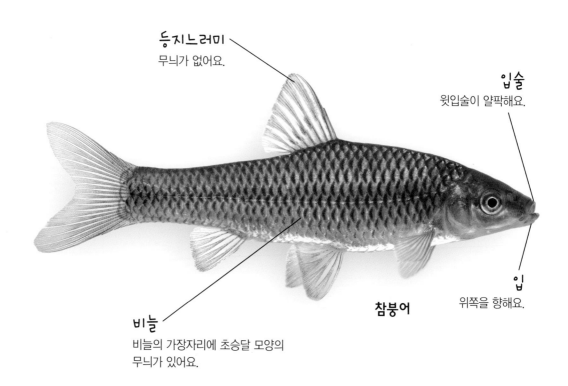

**등지느러미**
무늬가 없어요.

**입술**
윗입술이 얄팍해요.

**비늘**
비늘의 가장자리에 초승달 모양의 무늬가 있어요.

**참붕어**

**입**
위쪽을 향해요.

# 참붕어는

물이 천천히 흐르거나 고여 있는 곳에서 살아요. 물벌레나 물풀, 돌에 붙은 조류 등을 먹어요. 수컷 참붕어는 암컷이 알을 낳기 전에 큰 돌을 깨끗이 청소하고 새끼가 알에서 깨어날 때까지 알을 돌봐요.

# 돌고기는

큰 돌이 많은 곳에 살아요. 먹성이 좋아서 돌에 붙은 조류나 물벌레는 물론 껍질이 단단한 다슬기도 까먹어요. 먹이를 먹을 때는 '딱딱딱' 하고 소리를 내요. 알을 돌보지 않고 꺽지가 알을 낳은 둥지에 알을 낳고 떠나요.

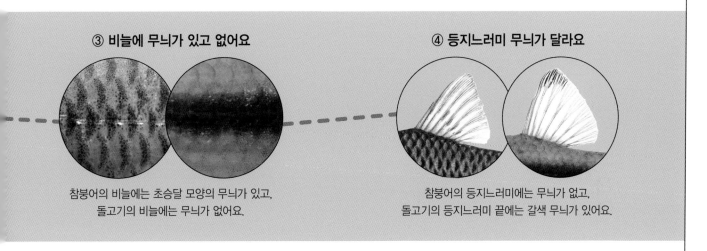

③ 비늘에 무늬가 있고 없어요

참붕어의 비늘에는 초승달 모양의 무늬가 있고,
돌고기의 비늘에는 무늬가 없어요.

④ 등지느러미 무늬가 달라요

참붕어의 등지느러미에는 무늬가 없고,
돌고기의 등지느러미 끝에는 갈색 무늬가 있어요.

**등지느러미**
맨 위에 갈색 무늬가 있어요.

**입술**
윗입술이 두툼해요.

**돌고기**

**입**
앞쪽을 향해요.

**비늘**
별다른 무늬가 없어요.

바위에 붙은 조류를
쪼아 먹어요.

# 가는돌고기와 쉬리

가는돌고기와 쉬리는 늦은 봄에 알을 낳아요. 몸이 날씬해서 여울의
빠른 물살을 거슬러 헤엄칠 수 있어요. 가는돌고기는 한강 줄기에서만 살고,
쉬리는 우리나라 물줄기에 고루 살아요. 가는돌고기는 몸에 굵은 줄무늬가 있고,
쉬리는 알록달록한 줄무늬가 여러 개 있어요.

내가 제일
날씬해!

**무엇이
다른가요**

**① 주둥이 모양이 달라요**

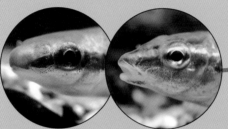

가는돌고기의 주둥이는 둥글고,
쉬리의 주둥이는 뾰족해요.

**② 몸의 무늬가 달라요**

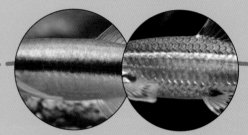

가는돌고기의 몸 가운데에는 굵고 짙은 갈색 줄무늬가 있고,
쉬리의 몸에는 여러 색의 가는 줄무늬가 있어요.

멸종 위기종
이에요.

**몸**
굵고 짙은 갈색
줄무늬가 있어요.

**등지느러미**
맨 위에 갈색 무늬가 있어요.

**몸**
연필처럼 매우 가늘어요.

**가는돌고기**

**주둥이**
둥글어요.

**지느러미**
등지느러미 외에는 별다른 무늬가 없어요.

톡톡 먹이를
쪼아 먹어요.

여럿이 함께
다니는 걸 좋아해요.

# 가는돌고기는

물이 맑은 여울에서 살며 둥그런 주둥이로 돌에 붙은 물벌레와 조류를 톡톡 쪼아 먹어요. 큰 돌 밑에 있는 꺽지의 둥지로 몰려가 알을 지키고 있는 꺽지를 피해 알을 낳고 대신 알을 돌보게 해요.

# 쉬리는

물이 맑은 여울에서 살며 물벌레와 돌에 붙은 조류를 쪼아 먹어요. 헤엄치다가 힘들면 돌 위에서 아래쪽 지느러미를 활짝 펴고 앉아 쉬기도 해요. 큰 돌 밑이나 자갈 사이에 알을 낳아요.

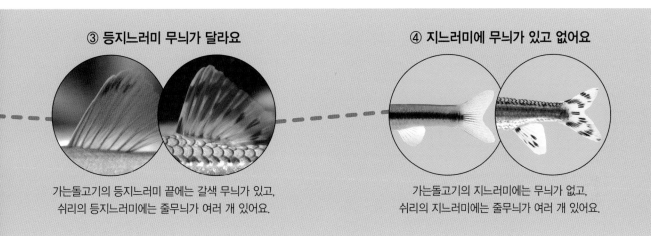

③ 등지느러미 무늬가 달라요

가는돌고기의 등지느러미 끝에는 갈색 무늬가 있고, 쉬리의 등지느러미에는 줄무늬가 여러 개 있어요.

④ 지느러미에 무늬가 있고 없어요

가는돌고기의 지느러미에는 무늬가 없고, 쉬리의 지느러미에는 줄무늬가 여러 개 있어요.

**등지느러미**
줄무늬가 여러 개 있어요.

**몸**
무지개처럼 줄무늬가 여러 개 있어요.

**몸**
앞부분이 통통해요.

**주둥이**
뾰족해요.

**쉬리**

**지느러미**
줄무늬가 여러 개 있어요.

쉬리가 헤엄치다가 돌 위에서 쉬고 있어요.

# 새미와 몰개

새미와 몰개는 몸이 길쭉해요. 서로 모습이 비슷하지만 등지느러미의
무늬와 배 쪽에 있는 지느러미 앞부분의 색깔로 구별해요.
새미는 물줄기 위쪽의 차가운 물이 흐르는 곳에 살고,
몰개는 물이 천천히 흐르는 물줄기 아래쪽에 살아요.

대단해! 새미는
어떻게 찬물 목욕을
좋아하지?

**무엇이
다른가요**

**① 주둥이 모양이 달라요**

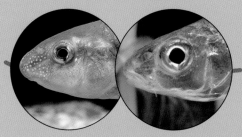

새미의 주둥이는 둥글고,
몰개의 주둥이는 뾰족해요.

**② 아래쪽 지느러미 앞부분의 색깔이 달라요**

새미의 아래쪽 지느러미의 앞부분은 빨간색이고,
몰개의 지느러미 앞부분은 색깔이 없어요.

**꼬리지느러미**
위아래에 빨간색 줄무늬가 있어요.

**등지느러미**
검은색 줄무늬 여러 개가 위아래로 뻗어 있어요.

**주둥이**
둥글어요.

**새미**

**지느러미**
아래쪽 지느러미 앞부분에
빨간색 줄무늬가 있어요.

수컷 새미가 모래를 파헤쳐
알 낳을 곳을 만들고 있어요!

## 새미는

물이 맑고 차가운 곳에서 무리를 지어 살아요. 돌에 붙은 물벌레나 조류 등을 먹어요. 여름에 알을 낳는데, 수컷 새미가 꼿꼿이 서서 꼬리지느러미로 모래를 파헤쳐 만든 구덩이에 암컷이 알을 낳아요.

## 몰개는

물이 느리게 흐르고 물풀이 많은 곳에서 살아요. 수면 근처나 물의 중간에서 헤엄치며 물벌레나 플랑크톤 등을 먹고 살아요. 여름에 알을 낳아서 그 알을 물풀의 줄기나 잎에 붙여요.

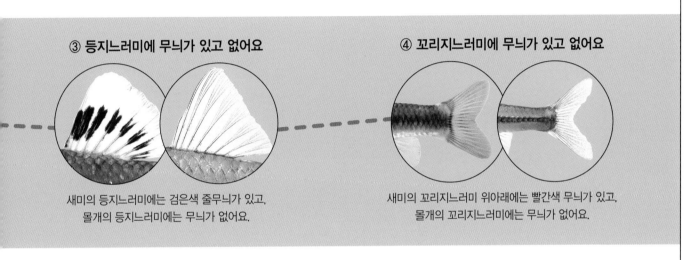

③ **등지느러미에 무늬가 있고 없어요**

새미의 등지느러미에는 검은색 줄무늬가 있고,
몰개의 등지느러미에는 무늬가 없어요.

④ **꼬리지느러미에 무늬가 있고 없어요**

새미의 꼬리지느러미 위아래에는 빨간색 무늬가 있고,
몰개의 꼬리지느러미에는 무늬가 없어요.

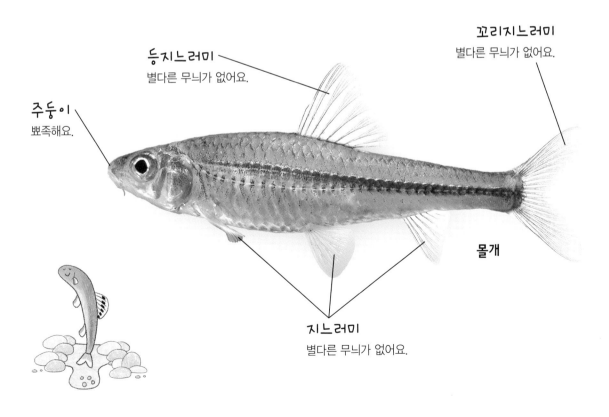

**꼬리지느러미**
별다른 무늬가 없어요.

**등지느러미**
별다른 무늬가 없어요.

**주둥이**
뾰족해요.

**지느러미**
별다른 무늬가 없어요.

**몰개**

# 중고기와 줄몰개

중고기와 줄몰개는 버드나무 잎처럼 생겼어요. 얼핏 보면
비슷해 보여도 몸과 지느러미의 무늬가 서로 달라요.
중고기는 눈동자가 빨개서 줄몰개와 구분하기가 어렵지 않아요.
중고기는 늦은 봄에, 줄몰개는 여름 즈음에 알을 낳아요.

중고기는 공부를
너무 열심히 했나 봐!
눈이 빨개!

**무엇이
다른가요**

### ① 눈동자에 빨간색 무늬가 있고 없어요

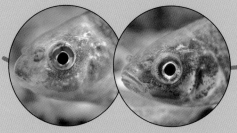

중고기의 눈동자에는 빨간색 반달무늬가 있고,
줄몰개의 눈동자에는 없어요.

### ② 등지느러미에 무늬가 있고 없어요

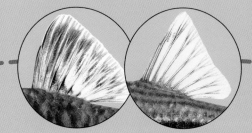

중고기의 등지느러미에는 짙은 갈색 무늬가 있고,
줄몰개의 등지느러미에는 무늬가 없어요.

**꼬리지느러미**
위아래에 짙은 갈색
줄무늬가 있어요.

**등지느러미**
짙은 갈색 무늬가 있어요.

**몸**
갈색 구름무늬가 있어요.

**눈동자**
빨간색 반달무늬가 있어요.

**지느러미**
노란색이에요.

중고기

## 중고기는

물이 천천히 흐르고 모래와 자갈이 깔린 곳에서 물벌레나 새우, 실지렁이 등을 먹고 살아요. 알을 낳을 때가 되면 수컷 중고기의 몸은 주황색으로 변해요. 납자루 종류의 물고기처럼 민물조개의 몸 안에 알을 낳아요.

## 줄몰개는

물이 맑고 천천히 흐르는 곳에 살아요. 모래와 진흙이 깔린 곳에서 물벌레와 플랑크톤을 먹고 살아요. 알을 어떻게 낳는지는 아직 알려지지 않았어요. 태어난 지 만 2년이 되면 어른 물고기가 돼요.

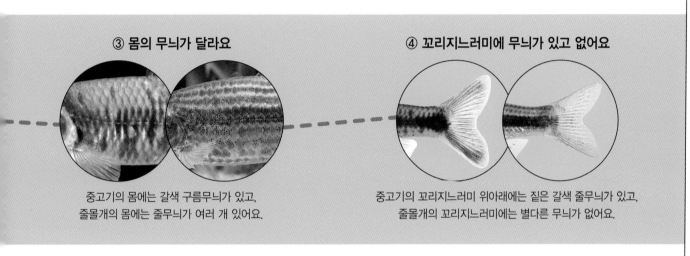

③ 몸의 무늬가 달라요

중고기의 몸에는 갈색 구름무늬가 있고,
줄몰개의 몸에는 줄무늬가 여러 개 있어요.

④ 꼬리지느러미에 무늬가 있고 없어요

중고기의 꼬리지느러미 위아래에는 짙은 갈색 줄무늬가 있고,
줄몰개의 꼬리지느러미에는 별다른 무늬가 없어요.

**등지느러미**
별다른 무늬가 없어요.

**몸**
줄무늬가 여러 개 있어요.

**꼬리지느러미**
별다른 무늬가 없어요.

**눈동자**
무늬가 없어요.

**줄몰개**

**지느러미**
별다른 무늬가 없어요.

# 누치와 참마자

누치와 참마자는 서로 많이 닮아 혼동하기 쉬워요. 비늘 끝에 있는
반점과 지느러미의 줄무늬로 구별해요. 누치는 큰 물줄기의 아래쪽이나
댐, 저수지 등에 살고, 참마자는 물줄기의 위쪽에 살아요.
두 물고기 모두 봄과 이른 여름 사이에 알을 낳아요.

누치는 넓고
큰 물에서 살아요.

**무엇이
다른가요**

**① 주둥이 모양이 달라요**

누치의 주둥이는 짧고,
참마자의 주둥이는 길어요.

**② 등지느러미에 무늬가 있고 없어요**

누치의 등지느러미에는 무늬가 없고,
참마자의 등지느러미에는 짧은 줄무늬가 있어요.

**꼬리지느러미**
별다른 무늬가 없어요.

**등지느러미**
별다른 무늬가 없어요.

**주둥이**
짧아요.

**누치**

**비늘**
비늘에 있는 반점이
뚜렷하지 않아요.

## 누치는

물이 느리게 흐르고 모래나 자갈이 많이 깔린 곳에서 물벌레나 새우, 작은 물고기 등을 먹고 살아요. 주둥이로 모래를 파헤쳐 먹이를 찾기도 해요. 암컷 누치는 모래나 자갈 위에 알을 낳아요.

## 참마자는

물이 맑고 돌과 자갈이 많은 곳에서 물벌레나 돌에 붙은 조류 등을 먹고 살아요. 모래 속에 머리를 파묻기도 해요. 모래나 자갈 위에 알을 낳아요. 알을 낳을 때가 되면 수컷 누치의 몸은 땀띠가 난 것처럼 오돌오돌해져요.

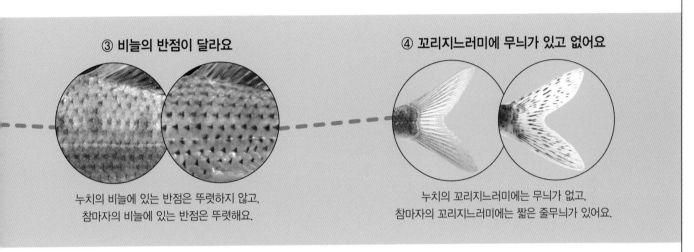

**③ 비늘의 반점이 달라요**

누치의 비늘에 있는 반점은 뚜렷하지 않고,
참마자의 비늘에 있는 반점은 뚜렷해요.

**④ 꼬리지느러미에 무늬가 있고 없어요**

누치의 꼬리지느러미에는 무늬가 없고,
참마자의 꼬리지느러미에는 짧은 줄무늬가 있어요.

**꼬리지느러미**
길이가 짧은 줄무늬가 있어요.

**등지느러미**
길이가 짧은 줄무늬가 있어요.

**주둥이**
길어요.

**비늘**
비늘에 있는 반점이
뚜렷해요.

**참마자**

우와~
멋지다!

# 모래무지와 버들매치

날 찾는 게
쉽지 않을 걸?

모래무지와 버들매치는 몸의 무늬가 비슷하지만 몸과 주둥이의 길이와
지느러미의 무늬로 구별해요. 두 물고기 모두 봄과 이른 여름 사이에
알을 낳아요. 모래무지는 무언가에 놀라면 모래 속으로 재빨리 숨어
눈만 빼꼼히 내밀고 주변을 살펴요.

**무엇이
다른가요**

**① 주둥이 모양이 달라요**

모래무지의 주둥이는 길고 뾰족하고,
버들매치의 주둥이는 짧고 뭉툭해요.

**② 등지느러미 모양이 달라요**

모래무지의 등지느러미는 삼각형 모양으로 뾰족하고,
버들매치의 등지느러미는 풍선처럼 둥글어요.

**꼬리지느러미**
줄무늬가 삐뚤빼뚤해요.

**등지느러미**
삼각형 모양으로 뾰족해요.

**주둥이**
길고 뾰족해요.

**모래무지**

**몸**
길고 날씬해요.

모래무지가 먹이를 얻으려고
모래를 파헤치고 있어요.

## 모래무지는

물이 맑고 모래가 많은 곳에 살아요. 모래를 입으로 빨아들여 모래 속의 물벌레나 작은 물풀 등은 삼키고 모래는 아가미로 뱉어 내 지나간 자리가 깨끗해져요. 그래서 별명이 '바닥 청소부'예요. 모래 바닥에 알을 낳아요.

## 버들매치는

물이 천천히 흐르고 모래와 진흙이 깔린 곳에서 물벌레나 실지렁이 등을 먹고 살아요. 알을 낳을 때가 되면 수컷 버들매치는 진흙 바닥에 구덩이를 파서 암컷이 알을 낳게 하고 새끼가 깨어날 때까지 알을 돌봐요.

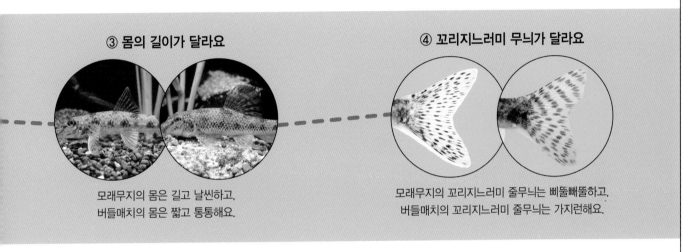

**③ 몸의 길이가 달라요**

모래무지의 몸은 길고 날씬하고, 버들매치의 몸은 짧고 통통해요.

**④ 꼬리지느러미 무늬가 달라요**

모래무지의 꼬리지느러미 줄무늬는 삐뚤빼뚤하고, 버들매치의 꼬리지느러미 줄무늬는 가지런해요.

**등지느러미**
풍선처럼 둥글어요.

**꼬리지느러미**
줄무늬가 가지런해요.

**주둥이**
짧고 뭉툭해요.

**몸**
짧고 통통해요.

**버들매치**

# 꾸구리와 돌상어

꾸구리는 밝은 곳에서는 눈꺼풀을 닫고 어두울 땐 눈동자가 커져요.

꾸구리와 돌상어는 여울의 돌 밑에서 함께 살면서 단단한 가슴지느러미를 이용해 자갈 사이를 빠르게 옮겨 다녀요. 머리의 생김새와 지느러미의 줄무늬, 몸의 무늬로 구별해요. 두 물고기 모두 봄에서 이른 여름 사이에 돌이나 자갈 틈에 알을 낳는데, 수가 많지 않기 때문에 나라에서 법으로 보호하고 있어요.

**무엇이 다른가요**

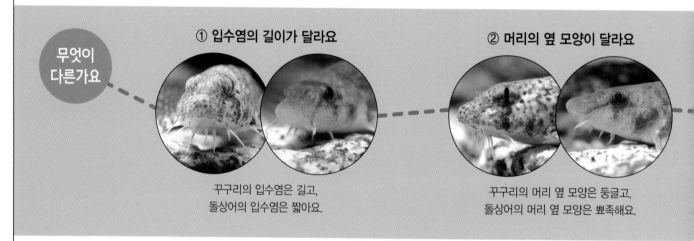

**① 입수염의 길이가 달라요**

꾸구리의 입수염은 길고,
돌상어의 입수염은 짧아요.

**② 머리의 옆 모양이 달라요**

꾸구리의 머리 옆 모양은 둥글고,
돌상어의 머리 옆 모양은 뾰족해요.

**몸**
짙은 갈색
빗금무늬가 있어요.

**머리**
옆 모양이 둥글어요.

**눈**
밝은 곳에서는 고양이처럼
눈꺼풀을 닫아요.

**꾸구리**

**입수염**
길어요.

**지느러미**
모든 지느러미에 짧은 줄무늬가 있어요.

멸종위기종
이에요.

어두운 곳에서는
눈동자가 커져요.

# 꾸구리는

물이 맑고 빠르게 흐르는 여울의 큰 돌과 자갈 밑에서 물벌레를 먹고 살아요. 다른 물고기에는 없는 눈꺼풀이 있어서 밝은 곳에서는 눈꺼풀을 조금만 열고 어두운 곳에서는 많이 열어요.

# 돌상어는

물이 맑은 여울의 큰 돌과 자갈 밑에서 꾸구리와 함께 물벌레를 먹고 살아요. 알을 낳을 때가 되면 수컷 돌상어의 몸 색깔이 짙어져요. 가슴과 배가 납작하고 가슴지느러미가 단단해서 빠른 물살에도 잘 헤엄쳐요.

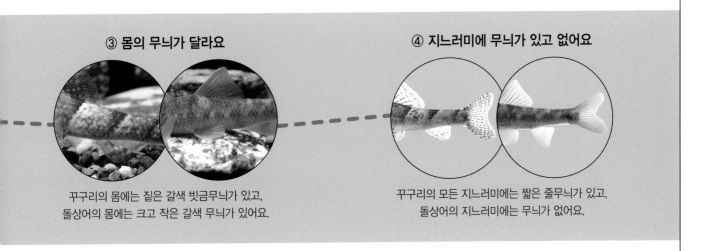

### ③ 몸의 무늬가 달라요

꾸구리의 몸에는 짙은 갈색 빗금무늬가 있고, 돌상어의 몸에는 크고 작은 갈색 무늬가 있어요.

### ④ 지느러미에 무늬가 있고 없어요

꾸구리의 모든 지느러미에는 짧은 줄무늬가 있고, 돌상어의 지느러미에는 무늬가 없어요.

**머리**
옆 모양이 뾰족해요.

**몸**
크고 작은 갈색 무늬가 있어요.

**눈**
눈꺼풀이 없어요.

돌상어

멸종위기종
이에요.

**입수염**
짧아요.

**지느러미**
모든 지느러미에 별다른 무늬가 없어요.

# 돌마자와 배가사리

배가사리는
여럿이 모여
함께 살아요.

돌마자와 배가사리는 몸의 굵기와 등지느러미 모양으로 구별해요.
두 물고기 모두 늦은 봄에서 이른 여름 사이에 알을 낳아요.
돌마자는 물살이 그리 빠르지 않은 곳에서 살고, 배가사리는 물이 빠르게
흐르는 곳에서 무리 지어 살아요. 배가사리가 돌마자보다 몸집이 커요.

무엇이
다른가요

① 입수염의 길이가 달라요

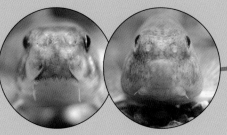

돌마자의 입수염은 길고,
배가사리의 입수염은 짧아요.

② 주둥이 모양이 달라요

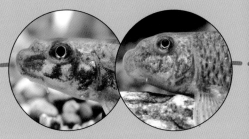

돌마자의 주둥이는 홀쭉하고,
배가사리의 주둥이는 뭉툭해요.

**등지느러미**
삼각형 모양으로 뾰족해요.

**주둥이**
홀쭉해요.

**입수염**
길어요.

**가슴지느러미**
안쪽이 빨간색이에요.

돌마자

## 돌마자는

물이 천천히 흐르고 모래와 자갈이 있는 곳에서 물벌레나 돌에 붙은 조류 등을 먹고 살아요. 알을 낳을 때가 되면 수컷 돌마자는 몸이 까매져요. 수컷은 암컷이 알을 낳은 자리를 맴돌며 알을 지켜요.

## 배가사리는

물이 맑고 빠르게 흐르는 여울 주변에서 살아요. 돌에 붙은 조류나 물벌레를 먹고 사는데, 먹는 모습이 제법 귀여워요. 돌 틈에 알을 낳는데, 알을 낳을 때가 되면 수컷 배가사리는 몸이 까매지고 등지느러미가 빨개져요.

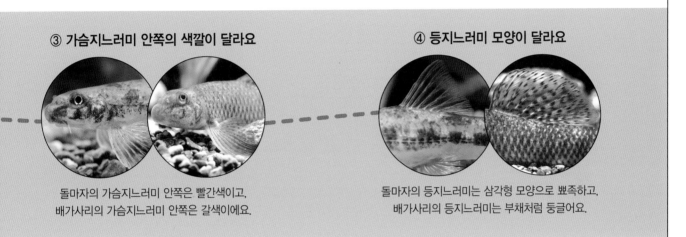

③ 가슴지느러미 안쪽의 색깔이 달라요

돌마자의 가슴지느러미 안쪽은 빨간색이고,
배가사리의 가슴지느러미 안쪽은 갈색이에요.

④ 등지느러미 모양이 달라요

돌마자의 등지느러미는 삼각형 모양으로 뾰족하고,
배가사리의 등지느러미는 부채처럼 둥글어요.

**등지느러미**
부채처럼 둥글어요.

**주둥이**
뭉툭해요.

**입수염**
짧아요.

**가슴지느러미**
안쪽이 갈색이에요.

**배가사리**

배가사리들이 모여서 바위에
붙은 조류를 먹고 있어요.

# 연준모치와 버들치

연준모치와 버들치는 날렵한 생김새가 서로 비슷하지만 꼬리지느러미
모양과 몸의 색깔이 달라요. 두 물고기 모두 물이 깨끗한 물줄기의
위쪽에 살며 봄에 알을 낳아요. 연준모치는 한강 물줄기에서만 살고,
버들치는 우리나라 거의 모든 물줄기에 살아요.

알록달록 연준모치는
정말 예뻐!

**무엇이
다른가요**

**① 입의 색깔과 머리의 무늬가 달라요**

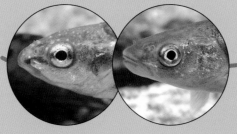

연준모치는 입이 빨갛고 머리에는 검은색 줄무늬가 있고,
버들치는 입이 갈색이고 머리에는 무늬가 없어요.

**② 등지느러미 아랫부분에 무늬가 있고 없어요**

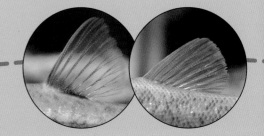

연준모치의 등지느러미 아랫부분에는 짙은 갈색 무늬가 있고,
버들치의 등지느러미에는 무늬가 없어요.

**꼬리지느러미**
끝이 안쪽으로 깊이 파였어요.

**등지느러미**
아랫부분에 짙은 갈색 무늬가 있어요.

**머리**
검은색 줄무늬가 있어요.

**연준모치**

**몸**
짙은 갈색과 노란색
줄무늬가 있어요.

**입**
빨간색이에요.

# 연준모치는

물이 맑고 차며 돌과 자갈이 많은 곳에서 물벌레나 돌에 붙은 조류를 먹고 살아요. 알을 낳을 때가 되면 연준모치 암수 모두의 머리에 오돌오돌한 돌기가 돋아나요. 자갈 틈에 알을 낳아요.

# 버들치는

물이 맑고 돌과 자갈이 많은 곳에 주로 살아요. 물줄기 아래나 저수지, 댐에서도 살아요. 알을 낳을 때가 되면 수컷 버들치의 머리에 작은 돌기가 돋아나요. 암수가 무리 지어 자갈의 틈에 알을 낳아요.

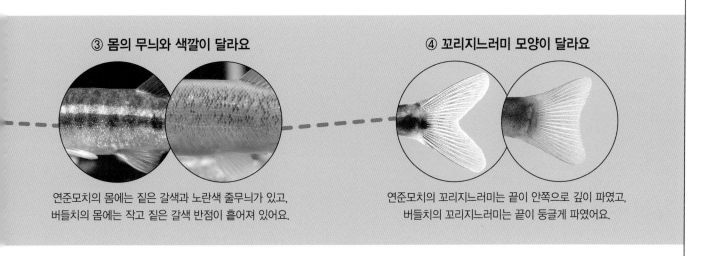

③ 몸의 무늬와 색깔이 달라요

연준모치의 몸에는 짙은 갈색과 노란색 줄무늬가 있고,
버들치의 몸에는 작고 짙은 갈색 반점이 흩어져 있어요.

④ 꼬리지느러미 모양이 달라요

연준모치의 꼬리지느러미는 끝이 안쪽으로 깊이 파였고,
버들치의 꼬리지느러미는 끝이 둥글게 파였어요.

**등지느러미**
무늬가 없어요.

**꼬리지느러미**
끝이 안쪽으로 둥글게 파였어요.

**머리**
무늬가 없어요.

**입**
갈색이에요.

**몸**
작고 짙은 갈색 반점이 있어요.

**버들치**

# 갈겨니와 피라미

냠냠, 갈겨니는 물 위를
나는 곤충도 낚아채
먹을 수 있어요.

갈겨니와 피라미는 겉모습은 거의 같지만 몸의 색깔이 달라요. 갈겨니는 우리나라의
남쪽에 있는 물줄기에 살고, 피라미는 우리나라의 모든 물줄기에 살아요.
두 물고기 모두 늦은 봄에서 여름 사이에 알을 낳아요. 갈겨니와 피라미는 물속을
빠르게 헤엄치고, 물 위를 나는 벌레를 잡아먹으려고 물 위로 뛰어오르기도 해요.

**무엇이
다른가요**

**① 머리의 색깔이 달라요**

갈겨니의 머리는 푸른 갈색이고,
피라미의 머리는 검은색이에요.

**② 가슴지느러미 앞부분의 색깔이 달라요**

갈겨니의 가슴지느러미는 앞부분은 색깔이 없고,
피라미의 가슴지느러미 앞부분은 빨간색이에요.

**몸**
푸른 갈색이에요.

**머리**
푸른 갈색이에요.

**가슴지느러미**
색깔이 없어요.

**몸**
가운데에 짙은 갈색
줄무늬가 있어요.

**갈겨니**

**갈겨니는**

물 흐름이 빠르지 않고 돌과 자갈이 많은 곳에 살아요. 날벌레나 물벌레, 돌에 붙어 있는 조류 등을 먹어요. 알을 낳을 때가 되면 수컷 갈겨니는 턱에 딱딱한 돌기가 돋아나고 배가 빨개져요.

**피라미는**

물이 느리게 흐르는 곳에서 날벌레나 물벌레, 돌에 붙은 조류 등을 먹고 살아요. 알을 낳을 때가 되면 암컷이 알을 낳도록 수컷 피라미가 뒷지느러미로 자갈을 파헤쳐 구덩이를 파요.

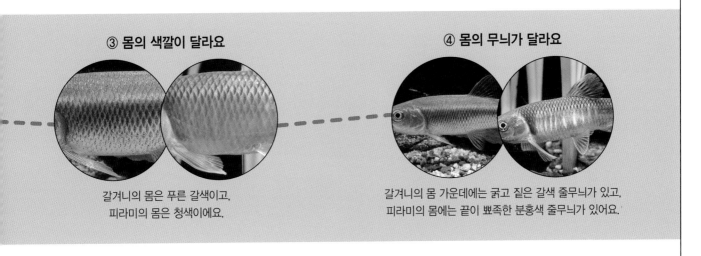

③ 몸의 색깔이 달라요

갈겨니의 몸은 푸른 갈색이고, 피라미의 몸은 청색이에요.

④ 몸의 무늬가 달라요

갈겨니의 몸 가운데에는 굵고 짙은 갈색 줄무늬가 있고, 피라미의 몸에는 끝이 뾰족한 분홍색 줄무늬가 있어요.

**머리**
검은색이에요.

**몸**
청색이에요.

**가슴지느러미**
앞부분이 빨간색이에요.

**몸**
끝이 뾰족한 분홍색 줄무늬가 있어요.

**피라미**

# 미꾸리와 미꾸라지

미꾸리와 미꾸라지는 겉모습이 매우 닮아서 입수염과 꼬리지느러미의 모양,
몸의 굵기로 구별해요. 두 물고기는 숨이 차면 물 위로 올라와
주둥이로 공기를 들이마셔 창자로 보내 산소만 빨아들이고 남은 공기는
얼른 똥구멍으로 내보내요. 두 물고기 모두 이른 여름에 알을 낳아요.

미꾸리와 미꾸라지는
방귀쟁이 친구예요.

**무엇이
다른가요**

**① 입수염의 길이가 달라요**

미꾸리의 입수염은 짧고,
미꾸라지의 입수염은 엄청 길어요

**② 몸의 굵기가 달라요**

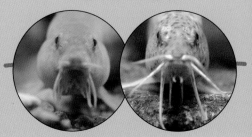

미꾸리의 몸은 통통하고,
미꾸라지의 몸은 납작해요.

**꼬리지느러미**
몸 끝에 붙어 있어요.

**몸**
통통해요.

**입수염**
짧아요.

**미꾸리**

**꼬리지느러미**
검은색 반점이 있어요.

수컷 미꾸리의 긴 가슴지느러미.
알을 밴 암컷의 배를 누르는 데 쓰기도

## 미꾸리는

물이 천천히 흐르고 모래와 진흙이 깔린 곳에서 물벌레나 조류 등을 먹고 살아요. 수컷 미꾸리는 암컷을 자기의 몸으로 휘감고 가슴지느러미로 배를 눌러서 암컷이 알을 낳도록 도와주어요.

## 미꾸라지는

물이 거의 흐르지 않는 도랑이나 논바닥에서 물벌레나 조류 등을 먹고 살아요. 미꾸라지도 미꾸리처럼 암컷을 자기의 몸으로 휘감아 알을 낳게 해요. 몸이 미끌미끌해서 손으로 쥐면 손가락 사이로 빠져나가요.

### ③ 꼬리지느러미 모양이 달라요

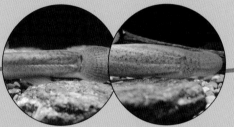

미꾸리의 꼬리지느러미는 몸 끝에 붙어 있고,
미꾸라지의 꼬리지느러미는 등과 배 쪽으로 이어져 있어요.

### ④ 꼬리지느러미 반점의 모양이 달라요

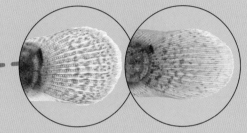

미꾸리의 꼬리지느러미 시작 부분에는 뚜렷한 검은색 반점이 있고,
미꾸라지의 꼬리지느러미 시작 부분에는 희미한 검은색 반점이 있어요.

**입수염**
길어요.

**몸**
납작해요.

**꼬리지느러미**
등과 배로 이어져 있어요.

미꾸라지

**꼬리지느러미**
검은색 반점이 희미하게 있어요.

주둥이로 들이마신 공기를
똥구멍으로 내보내고 있어요.

# 참종개와 수수미꾸리

참종개와 수수미꾸리는 몸이 가늘고 길쭉한 것이 닮았지만 몸과
지느러미의 무늬와 머리의 반점으로 구별해요. 참종개는 이른 여름에
알을 낳고, 수수미꾸리는 겨울에 알을 낳아요. 참종개는 만경강과
그 위쪽 물줄기에 살고, 수수미꾸리는 낙동강 물줄기에만 살아요.

수수미꾸리는
겨울에 태어나요.

**무엇이
다른가요**

**① 머리의 반점이 달라요**

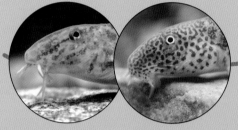

참종개 머리의 반점은 고르지 않은 불규칙적인 모양이고,
수수미꾸리 머리의 반점은 가지런해요.

**② 가슴지느러미 색깔이 달라요**

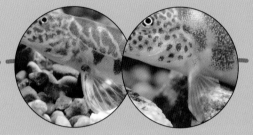

참종개의 가슴지느러미는 색깔이 없고,
수수미꾸리의 가슴지느러미는 주황색이에요.

**꼬리지느러미**
가는 줄무늬가 있어요.

**몸**
짙은 갈색 구름무늬와
뾰족한 무늬가 있어요.

**머리**
반점이 불규칙하게
흩어져 있어요.

**참종개**

**가슴지느러미**
색깔이 없어요.

**입수염**
길어요.

수컷의 가슴지느러미는 암컷의
가슴지느러미보다 길어요.

# 참종개는

물이 맑고 모래와 자갈이 많은 곳에 살아요. 모래 속이나 돌 틈의 물벌레와 돌말을 걸러 먹고 모래나 찌꺼기는 아가미로 뱉어 내요. 수컷 참종개가 암컷의 몸을 휘감고 가슴지느러미로 배를 눌러 암컷이 알을 낳게 해요.

# 수수미꾸리는

물이 차갑고 깨끗하며 빠르게 흐르는 곳에 살아요. 모래 속이나 돌 틈의 물벌레와 돌말을 걸러 먹고 살아요. 알을 낳을 때 수컷 수수미꾸리가 자기의 몸으로 암컷을 돌돌 감아 조여 알을 낳도록 도와요.

③ 몸의 무늬가 달라요　　④ 꼬리지느러미 무늬가 달라요

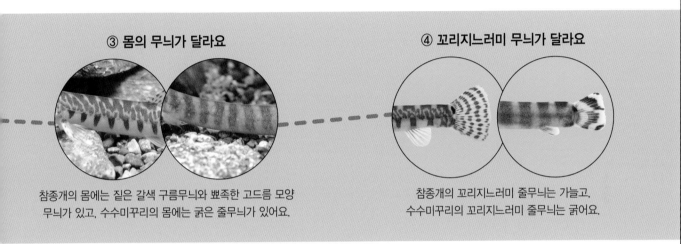

참종개의 몸에는 짙은 갈색 구름무늬와 뾰족한 고드름 모양 무늬가 있고, 수수미꾸리의 몸에는 굵은 줄무늬가 있어요.

참종개의 꼬리지느러미 줄무늬는 가늘고, 수수미꾸리의 꼬리지느러미 줄무늬는 굵어요.

**머리**
반점이 가지런하게 흩어져 있어요.

**몸**
굵은 줄무늬가 있어요.

**꼬리지느러미**
굵은 줄무늬가 있어요.

**입수염**
짧아요.

**가슴지느러미**
주황색이에요.

**수수미꾸리**

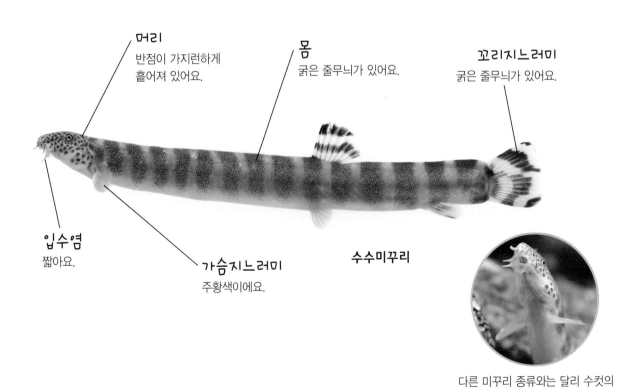

다른 미꾸리 종류와는 달리 수컷의 가슴지느러미가 길지 않아요.

# 메기와 가물치

메기와 가물치는 몸이 길쭉하고, 다 크면 덩치가 꽤 커져요.
두 물고기 모두 늦은 봄과 여름 사이에 알을 낳아요. 메기는 비늘이
없는 대신 온몸을 덮은 끈끈한 액체가 비늘을 대신해요. 가물치는
이른 새벽이나 비오는 날에 물 밖으로 나와 땅을 기어 다니기도 한대요.

가물치는 엉금엉금
물가를 기어 다닐 수 있어요.

**무엇이
다른가요**

### ① 입수염이 있고 없어요

메기의 턱에는 2쌍의 긴 입수염이 있고,
가물치의 턱에는 입수염이 없어요.

### ② 등지느러미 모양이 달라요

메기의 등지느러미는 퇴화되어 아주 작고,
가물치의 등지느러미는 길어요.

**꼬리지느러미**
끝이 안쪽으로 파였어요.

**비늘**
비늘이 없어요.

**등지느러미**
매우 작아요.

**메기**

**몸**
짙은 갈색
구름무늬가 있어요.

**입수염**
2쌍의 입수염이 있어요.

다 자라면 어른의
팔 길이보다 더 길어져요.

# 메기는

물이 느리게 흐르고 모래와 진흙이 깔린 곳에서 살아요. 낮에는 수초 밑이나 돌 틈에 있다가 밤에 돌아다니면서 물벌레나 작은 물고기를 잡아먹어요. 알을 낳을 때 수컷 메기가 암컷의 몸을 감아 알을 낳게 해요.

# 가물치는

물이 느리게 흐르거나 흐르지 않는 곳에서 살아요. 다른 물고기나 작은 동물을 잡아먹어요. 암수가 함께 물 위에 나뭇가지나 잎으로 알집을 만들어 그 안에 알을 낳아요. 물 밖에서 숨을 쉴 수도 있어 물가를 기어 다니기도 해요.

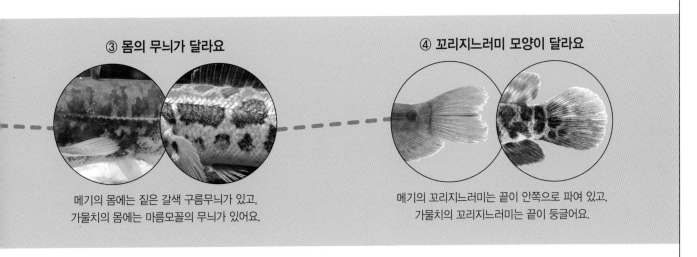

③ 몸의 무늬가 달라요

메기의 몸에는 짙은 갈색 구름무늬가 있고,
가물치의 몸에는 마름모꼴의 무늬가 있어요.

④ 꼬리지느러미 모양이 달라요

메기의 꼬리지느러미는 끝이 안쪽으로 파여 있고,
가물치의 꼬리지느러미는 끝이 둥글어요.

등지느러미
매우 길어요.

입수염
입수염이 없어요.

몸
마름모꼴의 무늬가 있어요.

가물치

꼬리지느러미
끝이 둥글어요.

# 꼬치동자개와 퉁가리

곤충의 더듬이처럼
긴 수염이 있어서
어두워도 잘 다녀요.

꼬치동자개와 퉁가리는 긴 수염이 네 쌍 있어요. 입과 주둥이, 꼬리지느러미
모양이 달라요. 비늘이 없고 가슴지느러미에는 뾰족한 가시가 있어서 찔리면
아파요. 깜깜할 때 더 많이 움직이고, 늦은 봄에서 여름 사이에 알을 낳아요.
꼬치동자개는 낙동강 물줄기에만 살고, 퉁가리는 한강과 임진강 물줄기에 살아요.

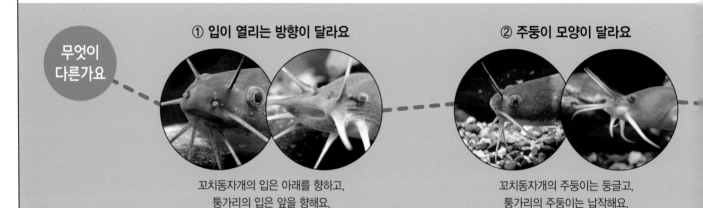

무엇이
다른가요

**① 입이 열리는 방향이 달라요**

꼬치동자개의 입은 아래를 향하고,
퉁가리의 입은 앞을 향해요.

**② 주둥이 모양이 달라요**

꼬치동자개의 주둥이는 둥글고,
퉁가리의 주둥이는 납작해요.

**몸**
연한 갈색 몸에
크고 짙은 갈색 반점이 있어요.

멸종위기종이자
천연기념물이에요.

**주둥이**
둥글어요.

**꼬리지느러미**
끝이 안쪽으로 파였어요.

**꼬치동자개**

**입**
아래를 향해요.

# 꼬치동자개는

물이 맑은 곳에서 돌 사이를 옮겨 다니며 물벌레와 작은 물고기를 먹고 살아요. 알을 어떻게 낳는지는 아직 알려지지 않았어요. 손바닥에 올려놓으면 가슴지느러미를 오무렸다 폈다 하면서 '빠가빠가' 하는 소리를 내요.

# 퉁가리는

물이 맑고 돌과 자갈이 많은 여울의 돌 사이에 살면서 날도래 애벌레나 물벌레를 먹고 살아요. 물살이 센 곳의 돌 틈에 덩어리 모양으로 알을 낳아요. 암컷 퉁가리는 알을 낳고 알이 깨어날 때까지 그 자리를 지켜요.

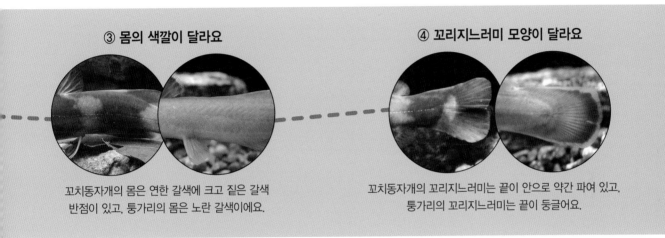

### ③ 몸의 색깔이 달라요

꼬치동자개의 몸은 연한 갈색에 크고 짙은 갈색 반점이 있고, 퉁가리의 몸은 노란 갈색이에요.

### ④ 꼬리지느러미 모양이 달라요

꼬치동자개의 꼬리지느러미는 끝이 안으로 약간 파여 있고, 퉁가리의 꼬리지느러미는 끝이 둥글어요.

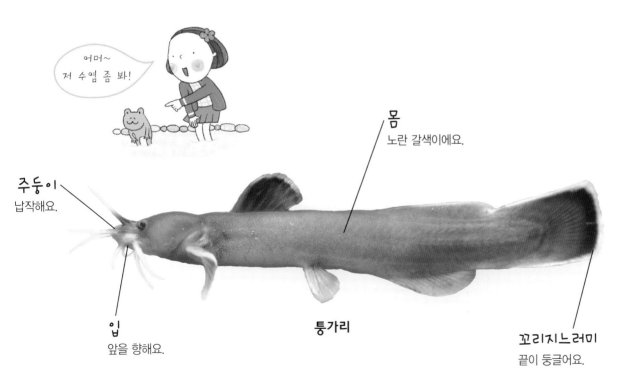

어머~
저 수염 좀 봐!

**몸**
노란 갈색이에요.

**주둥이**
납작해요.

**입**
앞을 향해요.

**퉁가리**

**꼬리지느러미**
끝이 둥글어요.

# 뱀장어와 드렁허리

뱀장어와 드렁허리는 뱀처럼 몸이 아주 가늘고 길어요. 지느러미와
몸의 색깔로 구별해요. 두 물고기 모두 늦은 봄과 여름 사이에
알을 낳아요. 뱀장어는 아주 어릴 적에 모양을 바꾸어 어른이 되고,
드렁허리는 암컷으로 태어나서 두 뼘 정도 자라면 몇몇은 수컷이 돼요.

뱀장어는 알을 낳으러
먼 바다로 떠나요.

---

**무엇이
다른가요**

## ① 공기주머니가 있고 없어요

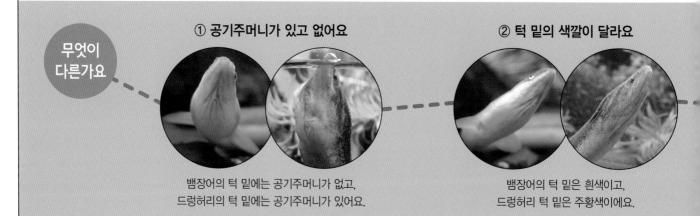

뱀장어의 턱 밑에는 공기주머니가 없고,
드렁허리의 턱 밑에는 공기주머니가 있어요.

## ② 턱 밑의 색깔이 달라요

뱀장어의 턱 밑은 흰색이고,
드렁허리 턱 밑은 주황색이에요.

---

**꼬리지느러미**
뾰족해요.

**등지느러미**
길어요.

**턱**
턱 밑이 흰색이고,
공기주머니가 없어요.

**뱀장어**

새끼 뱀장어는 바다 물결에 실려 어미가
살던 곳으로 돌아와요. 냇물에 도착하기
바로 전에 새끼의 몸은 대나무 잎 모양에서
길쭉하고 투명한 모양으로 바뀌는데
사람들은 '실뱀장어'라고 불러요.

알에서 깨어난지 얼마 되지 않은
뱀장어 새끼. '댓잎뱀장어'라고 불러요

## 뱀장어는

바닥에 진흙이 많이 깔린 곳에서 물벌레나 작은 물고기를 먹고 살아요. 가을에 살던 곳을 떠나 알을 낳으러 먼 바다로 가요. 알에서 깨어난 새끼는 바다 물결을 타고 어미가 살던 곳으로 돌아와요.

## 드렁허리는

물이 고여 있는 늪이나 논바닥에서 작은 동물이나 물고기를 먹고 살아요. 진흙 속에 알을 낳고 수컷 드렁허리가 알을 지켜요. 물 밖에서도 숨을 쉴 수가 있어 논두렁을 기어 다니기도 하고, 날이 가물면 진흙 속으로 들어가기도 해요.

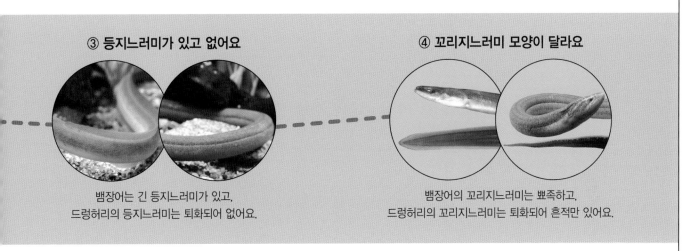

③ 등지느러미가 있고 없어요

뱀장어는 긴 등지느러미가 있고,
드렁허리의 등지느러미는 퇴화되어 없어요.

④ 꼬리지느러미 모양이 달라요

뱀장어의 꼬리지느러미는 뾰족하고,
드렁허리의 꼬리지느러미는 퇴화되어 흔적만 있어요.

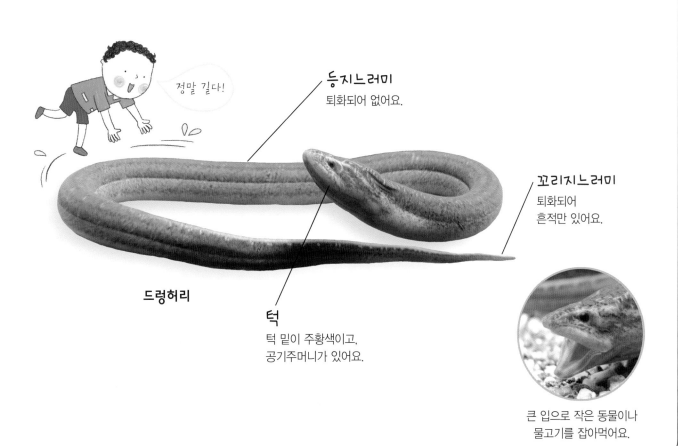

정말 길다!

**등지느러미**
퇴화되어 없어요.

**꼬리지느러미**
퇴화되어
흔적만 있어요.

**드렁허리**

**턱**
턱 밑이 주황색이고,
공기주머니가 있어요.

큰 입으로 작은 동물이나
물고기를 잡아먹어요.

# 큰가시고기와 잔가시고기

뾰족한 가시에 찔리면
아플 것 같아요.

큰가시고기와 잔가시고기는 이름처럼 등에 가시가 있어요. 큰가시고기의
등에는 세 개의 큰 가시가 있고, 잔가시고기의 등에는 여덟 개 정도의
작은 가시가 있어요. 알을 낳을 때가 되면 수컷 큰가시고기의 몸은 빨간색으로,
수컷 잔가시고기의 몸은 검은색으로 변해요.

**무엇이
다른가요**

① 등가시의 길이가 달라요

큰가시고기의 등가시는 길이가 길고,
잔가시고기의 등가시는 길이가 짧아요.

② 등가시에 톱니가 있고 없어요

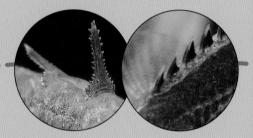

큰가시고기의 등가시에는 톱니가 있고,
잔가시고기의 등가시는 매끈해요.

**몸**
높이가 높아요.

**등가시**
길이가 길고,
톱니가 있어요.

**꼬리자루**
꼬리자루가 짧아요.

**큰가시고기**

알을 낳을 때가 되면
수컷은 몸이 빨개져요.

## 큰가시고기는

냇물과 이어진 앞바다에 살며 플랑크톤이나 물고기 알을 먹어요. 수컷 큰가시고기가 입으로 풀뿌리나 나뭇가지를 물어다 냇물의 바닥에 둥지를 만들면 암컷이 알을 낳아요. 알을 낳은 암컷은 죽고, 수컷이 알을 정성으로 돌봐요.

## 잔가시고기는

물이 맑고 물풀이 많은 곳에 살면서 물벌레나 실지렁이를 먹어요. 알을 낳을 때가 되면 수컷 잔가시고기가 물풀 줄기 가운데에 둥지를 만들어 암컷이 알을 낳게 해요. 수컷은 새끼가 깨어날 때까지 정성으로 알을 돌봐요.

③ 몸의 높이가 달라요

큰가시고기의 몸은 높이가 높고,
잔가시고기의 몸은 높이가 낮아요.

④ 꼬리자루의 길이가 달라요

큰가시고기의 꼬리자루는 짧고,
잔가시고기의 꼬리자루는 길어요.

등가시
길이가 짧고,
매끈해요.

몸
높이가 낮아요.

꼬리자루
꼬리자루가 길어요.

잔가시고기

가시를 세워
침입자를 쫓아내요

알을 낳을 때가 되면
수컷은 몸이 까매져요.

# 황어와 은어

황어와 은어는 몸이 길쭉해서 비슷해요. 두 물고기는 입의 크기와
등지느러미 모양으로 구별해요. 황어는 봄에, 은어는 가을에 알을 낳아요.
두 물고기의 이름은 몸의 색깔대로 지어졌어요. 황어는 알을 낳을 때 몸에
주황색이 나타나고, 은어는 몸이 은빛이어서 황어와 은어로 각각 이름 지어졌대요.

알 낳을 때가 되면
몸 색깔이 주황색으로
변해서 '황어'라고 해.

**무엇이 다른가요**

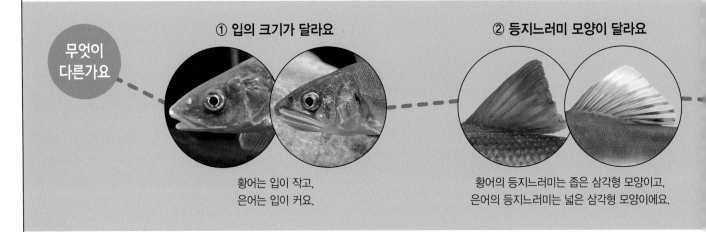

**① 입의 크기가 달라요**

황어는 입이 작고,
은어는 입이 커요.

**② 등지느러미 모양이 달라요**

황어의 등지느러미는 좁은 삼각형 모양이고,
은어의 등지느러미는 넓은 삼각형 모양이에요.

**등지느러미**
삼각형 모양으로 뾰족해요.

**몸**
알을 낳을 때는 몸이
주황색과 검은색으로 변해요.

황어

**입**
크기가 작아요.

알을 낳을 때가 아니면
검은색이나 주황색은 보이지 않아요.

## 황어는

냇물과 이어진 앞바다에서 살아요. 물벌레와 작은 물고기를 먹어요. 알을 낳을 때는 냇물의 위쪽으로 가서 알을 낳아요. 이 무렵 황어 암수 모두 몸 색깔이 황갈색에서 검은색과 주황색으로 변해요.

## 은어는

어릴 적에 바다에서 살다가 봄에 냇물의 위쪽으로 가서 돌에 붙어 있는 조류를 먹고 자라요. 가을에 알을 낳을 때가 되면 냇물의 아래쪽으로 가서 알을 낳아요. 이 무렵 수컷 은어는 머리가 까매져요.

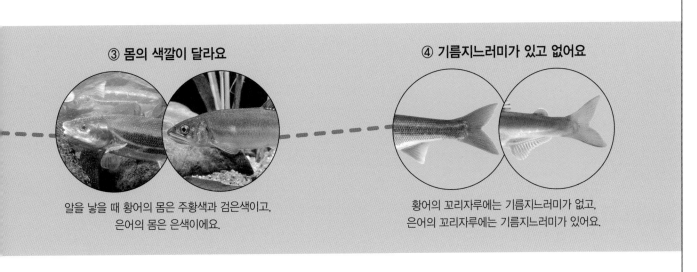

### ③ 몸의 색깔이 달라요

알을 낳을 때 황어의 몸은 주황색과 검은색이고, 은어의 몸은 은색이에요.

### ④ 기름지느러미가 있고 없어요

황어의 꼬리자루에는 기름지느러미가 없고, 은어의 꼬리자루에는 기름지느러미가 있어요.

**몸**
몸은 은색이에요.

**등지느러미**
넓은 삼각형 모양이에요.

**기름지느러미**
기름지느러미가 있어요.

**머리**
알을 낳는 때는 머리가 까매져요.

**입**
크기가 매우 커요.

은어

알을 낳을 때가 아니면 머리에 검은색은 보이지 않아요.

# 둑중개와 꺽정이

수컷이 만든 둥지에서
암컷 둑중개는 알을 낳아요.

둑중개와 꺽정이는 등지느러미가 두 개인 것이 닮았아요.
주둥이 모양과 몸의 무늬, 아가미 안쪽의 색깔로 구별해요.
두 물고기 모두 봄에 알을 낳아요. 둑중개는 태어난 후로 줄곧 냇물에서만
살고, 꺽정이는 어릴 적에 바다에서 살다가 냇물로 올라와 어른이 돼요.

**무엇이
다른가요**

### ① 주둥이 모양이 달라요

둑중개의 주둥이는 둥글고,
꺽정이의 주둥이는 뾰족해요.

### ② 아가미 안쪽의 색깔이 달라요

둑중개의 아가미 안쪽은 갈색이고,
꺽정이의 아가미 안쪽은 주황색이에요.

**첫 번째 등지느러미**
짧은 줄무늬가 있어요.

**주둥이**
둥글어요.

**몸**
짙은 갈색 무늬와 몸 색깔보다
옅은 색의 반점이 있어요.

**둑중개**

**아가미**
안쪽이 갈색이에요.

큰 돌 밑에 터를
잡고 지내요.

# 둑중개는

물이 맑고 큰 돌이 많은 곳에서 물벌레나 작은 물고기를 먹고 살아요. 수컷 둑중개가 큰 돌 밑에 알자리를 만들면 여러 마리의 암컷이 와서 알을 낳아요. 수컷은 새끼가 깨어날 때까지 알을 지켜요.

# 꺽정이는

앞바다에서 살면서 새우나 작은 물고기를 먹어요. 어릴 적에 바다에서 살다가 냇물의 위쪽으로 가서 자라며, 봄에 아래쪽으로 가서 알을 낳아요. 알을 낳을 때가 되면 수컷 꺽정이의 아가미 안쪽은 주황색이 돼요.

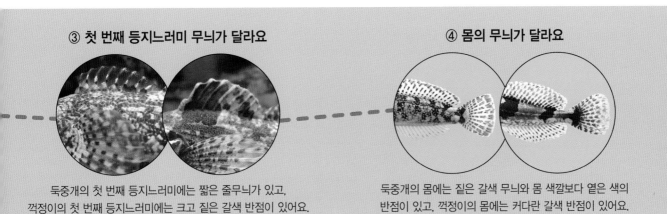

③ 첫 번째 등지느러미 무늬가 달라요

둑중개의 첫 번째 등지느러미에는 짧은 줄무늬가 있고, 꺽정이의 첫 번째 등지느러미에는 크고 짙은 갈색 반점이 있어요.

④ 몸의 무늬가 달라요

둑중개의 몸에는 짙은 갈색 무늬와 몸 색깔보다 옅은 색의 반점이 있고, 꺽정이의 몸에는 커다란 갈색 반점이 있어요.

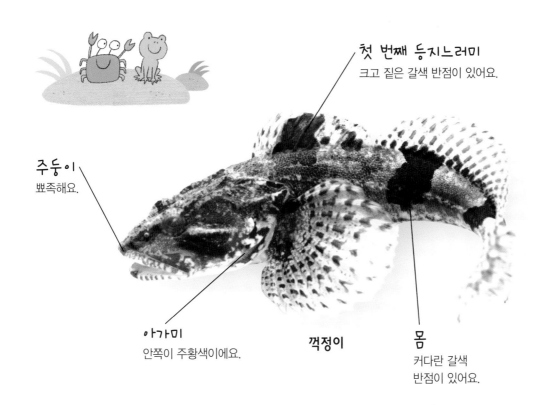

**첫 번째 등지느러미**
크고 짙은 갈색 반점이 있어요.

**주둥이**
뾰족해요.

**아가미**
안쪽이 주황색이에요.

꺽정이

**몸**
커다란 갈색
반점이 있어요.

# 쏘가리와 꺽지

쏘가리와 꺽지는 서로 많이 닮아 혼동하기 쉬워요. 머리와 몸,
지느러미 무늬와 아가미 끝의 파란색 반점으로 구별해요. 두 물고기
모두 늦은 봄에서 여름 사이에 알을 낳아요. 수컷 꺽지는 알이
깨어날 때까지 돌고기 무리가 낳고 간 알을 자기의 알과 함께 돌봐요.

나는 쏘가리, 물속의 왕!
사냥할 땐 표범처럼
날쌔기도 하지~

**무엇이 다른가요**

### ① 머리의 무늬가 달라요

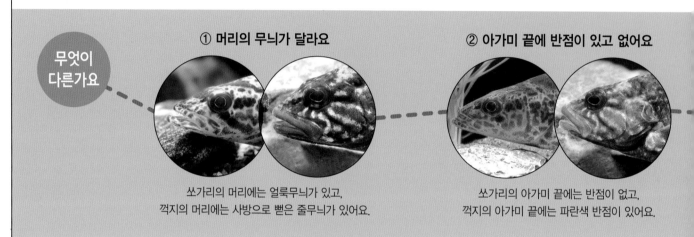

쏘가리의 머리에는 얼룩무늬가 있고,
꺽지의 머리에는 사방으로 뻗은 줄무늬가 있어요.

### ② 아가미 끝에 반점이 있고 없어요

쏘가리의 아가미 끝에는 반점이 없고,
꺽지의 아가미 끝에는 파란색 반점이 있어요.

**꼬리지느러미**
무늬가 갈색이에요.

**아가미**
끝에 반점이 없어요.

**머리**
얼룩무늬가 있어요.

**쏘가리**

**몸**
얼룩무늬가 있어요.

천연기념물
이에요.

어린 쏘가리의
모습이에요.

쏘가리 사촌인 황쏘가리는 몸이
노란색이고 무늬는 없거나 조금만 있어

## 쏘가리는

물이 맑고 몸을 숨길 수 있는 큰 바위나 돌이 있는 곳에서 살아요. 낮에는 바위나 돌의 그늘 아래에서 머물다가 어두워지면 나와서 물고기나 새우를 잡아먹어요. 알을 낳을 때에는 여러 마리가 모여서 자갈 위에 알을 낳아요.

## 꺽지는

물이 맑고 큰 돌과 자갈이 많은 곳에서 살아요. 돌 틈에 숨어 있다가 지나가는 새우나 물고기를 잡아먹어요. 수컷 꺽지가 큰 돌의 밑면을 주둥이로 청소하면 암컷은 몸을 뒤집어 알을 낳아 붙여요. 수컷이 알을 돌봐요.

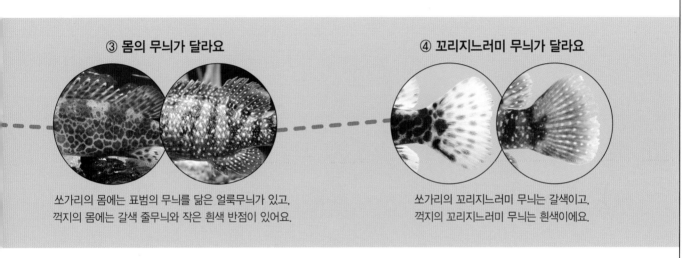

### ③ 몸의 무늬가 달라요

쏘가리의 몸에는 표범의 무늬를 닮은 얼룩무늬가 있고, 꺽지의 몸에는 갈색 줄무늬와 작은 흰색 반점이 있어요.

### ④ 꼬리지느러미 무늬가 달라요

쏘가리의 꼬리지느러미 무늬는 갈색이고, 꺽지의 꼬리지느러미 무늬는 흰색이에요.

**머리**
사방으로 뻗은 줄무늬가 있어요.

**꼬리지느러미**
무늬가 흰색이에요.

**아가미**
끝에 파란색 반점이 있어요.

**꺽지**

**몸**
갈색 줄무늬와 작은 흰색 반점이 있어요.

수컷 꺽지가 정성껏 돌봐서 새끼들이 알에서 깨어났어요.

# 밀어와 민물검정망둑

밀어는 입으로 청소를 해요.

밀어와 민물검정망둑은 몸이 길쭉해요. 두 물고기는 머리와 뺨, 몸에 있는 무늬로 구별해요. 모두 늦은 봄에서 여름 사이에 알을 낳아요. 두 물고기는 돌을 하나씩 차지하고 텃세를 부려요. 자기가 있는 곳으로 다른 물고기가 다가오면 입을 크게 벌리고 사납게 달려들어 쫓아내요.

무엇이 다른가요

**① 머리의 무늬가 달라요**

**② 뺨의 무늬가 달라요**

밀어의 머리에는 V자 모양의 줄무늬가 있고, 민물검정망둑의 머리에는 파란색 반점이 있어요.

밀어의 뺨에는 아주 작은 빨간색 반점이 있고, 민물검정망둑의 뺨에는 작은 파란색 반점이 있어요.

**첫 번째 등지느러미**
끝이 뾰족해요.

**머리**
V자 모양의 무늬가 있어요.

**밀어**

**몸**
몸은 옅은 갈색이고, 작은 빨간색 반점이 있어요.

**뺨**
아주 작은 빨간색 반점이 있어요.

입으로 물어다가 버린 모래가 집 앞에 수북이 쌓여 있어요.

## 밀어는

돌이 많은 곳에서 물벌레나 물벼룩을 먹고 살아요. 알을 낳을 때가 되면 수컷 밀어는 돌 하나를 차지하고 입으로 돌 밑의 모래를 파내 둥지를 만들어요. 암컷은 돌 밑에 거꾸로 매달려 알을 낳고 수컷은 알을 지켜요.

## 민물검정망둑은

돌이 많은 곳에 살며 돌에 붙은 조류나 물벌레, 작은 물고기를 먹어요. 알을 낳을 때가 되면 수컷 민물검정망둑은 지느러미를 활짝 펴고 몸을 좌우로 흔들어 암컷을 돌 밑으로 이끌어요. 암컷이 낳은 알을 수컷이 지켜요.

③ 첫번째 등지느러미 모양이 달라요

밀어의 첫 번째 등지느러미는 끝이 뾰족하고,
민물검정망둑의 첫 번째 등지느러미는 끝이 둥글어요.

④ 몸과 반점의 색깔이 달라요

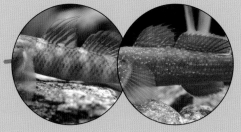

밀어의 몸은 옅은 갈색이고 작은 빨간색 반점이 있고,
민물검정망둑의 몸은 어두운 갈색이고 작은 파란색 반점이 있어요.

**첫 번째 등지느러미**
끝이 둥글어요.

**머리**
작은 파란색
반점이 있어요.

**뺨**
작은 파란색
반점이 있어요.

**몸**
몸은 어두운 갈색이고,
작은 흰색 반점이 있어요.

**민물검정망둑**

자기 집 주변을
살피고 있어요.

# 짱뚱어와 말뚝망둥어

등반 전문가인 말뚝망둥어!
어디든 척척 잘 올라가요.

짱뚱어와 말뚝망둥어는 몸이 길쭉해서 비슷해요. 입의 크기와 첫 번째
등지느러미와 꼬리지느러미의 모양, 뺨의 무늬로 구별해요. 두 물고기 모두
늦은 봄에서 여름 사이에 알을 낳아요. 짱뚱어는 물이 빠진 갯벌을 기어 다니다가
다른 동물이 다가오면 지느러미를 활짝 펴고 입을 크게 벌려 쫓아내요.

**무엇이
다른가요**

**① 입의 크기가 달라요**

짱뚱어의 입은 크고,
말뚝망둥어의 입은 작아요.

**② 뺨에 반점이 있고 없어요**

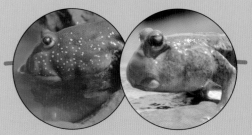

짱뚱어의 뺨에는 작은 푸른색 반점이 있고,
말뚝망둥어의 뺨에는 반점이 없어요.

**첫 번째 등지느러미**
왕관 모양이에요.

**입**
매우 커요.

**뺨**
뺨에 푸른색
반점이 있어요.

**꼬리지느러미**
끝이 튀어나왔어요.

**짱뚱어**

큰 입으로 개펄을 훑어
먹이를 걸러 먹어요.

꼬리지느러미에
힘을 주어 뛰어오르려 해요.

## 짱뚱어는

바닷물이 드나드는 갯벌에서 살아요. 갯벌의 바닥을 기어 다니면서 이빨로 개펄을 훑어 그 속의 조류나 플랑크톤을 걸러 먹어요. 암컷 짱뚱어가 개펄의 구멍 안에 알을 낳으면 수컷이 알을 지켜요.

## 말뚝망둥어는

바닷물이 드나드는 갯벌에서 굴을 파고 살며 벌레나 갑각류를 먹어요. 가슴지느러미를 이용해 기어 다니거나 꼬리지느러미에 힘을 주어 뛰어다녀요. 짱뚱어처럼 말뚝망둥어도 개펄의 구멍에 알을 낳고 수컷이 알을 지켜요.

### ③ 첫 번째 등지느러미 모양이 달라요

짱뚱어의 첫 번째 등지느러미는 왕관 모양이고, 말뚝망둥어의 첫 번째 등지느러미는 삼각형 모양이에요.

### ④ 꼬리지느러미 모양이 달라요

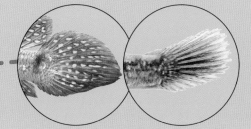

짱뚱어의 꼬리지느러미 끝은 튀어나왔고, 말뚝망둥어의 꼬리지느러미 끝은 둥글어요.

**뺨**
반점이 없어요.

**첫 번째 등지느러미**
삼각형 모양이에요.

**입**
작아요.

**말뚝망둥어**

**꼬리지느러미**
끝이 둥글어요.

개펄 옆에 있는 바위 위를 오르고 있어요.

나무줄기에 올랐어요.

# 물고기의 어릴 적 모습

물고기는 사람이나 다른 동물처럼 어릴 적 모습 그대로 어른이 되기도 하고,
어릴 때와 구별하기 힘들게 완전히 다른 모습으로 어른이 되기도 해요.

**뱀장어의 어릴 적 모습**

**뱀장어**
(뱀장어과)

**납지리의 어릴 적 모습**

어린 내 모습과
비교해 보세요.

**납지리**
(잉어과/납자루아과)

**가시납지리의 어릴 적 모습**

**가시납지리**
(잉어과/납자루아과)

돌고기의 어릴 적 모습

**돌고기**
(잉어과/모래무지아과)

중고기의 어릴 적 모습

**중고기**
(잉어과/모래무지아과)

참마자의 어릴 적 모습

**참마자**
(잉어과/모래무지아과)

광대의
옷처럼 몸 빛깔이
화려해요.

황어의 어릴 적 모습

**황어**
(잉어과/황어아과)

강준치의 어릴 적 모습

강준치
(잉어과/강준치아과)

아래위로 뻗은
긴 수염이
아주 멋있어요.

동자개의 어릴 적 모습

동자개
(동자개과)

종어의 어릴 적 모습

종어
(동자개과)

연어의 어릴 적 모습

연어
(연어과)

산천어의 어릴 적 모습

산천어
(연어과)

쏘가리의 어릴 적 모습

쏘가리
(꺽지과)

꾹저구의 어릴 적 모습

어린 내 모습
참 귀엽지?

꾹저구
(망둑어과)

갈문망둑의 어릴 적 모습

갈문망둑
(망둑어과)

# 바다와 냇물을 오가는 물고기

바다에서 사는 물고기는 냇물에서 살지 못하고, 냇물에서 사는 물고기는 바다에서 살지 못해요.
물에 녹아 있는 소금기 때문이에요. 자기가 살던 곳보다 갑자기 소금기가 많아지거나 모자라게 되면
물고기는 살기가 힘들어요. 그런데 이를 잘 견디는 물고기가 있어요. 무태장어와 뱀장어, 꺽정이 같은
물고기는 소금기가 없는 냇물에서 살다가 알을 낳으러 바다로 가요. 반대로 철갑상어와 황어, 연어,
큰가시고기 같은 물고기는 알을 낳으러 소금기 없는 냇물을 거슬러 올라요.

 ## 바다로 가는 물고기

이쪽저쪽으로
이사를 다녀요!

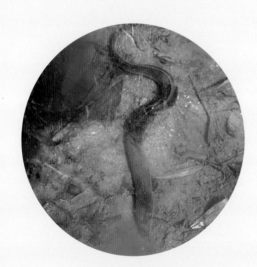

**뱀장어**
멀리 태평양 서쪽의 깊은 바다로
알을 낳으러 가요.

**꺽정이**
냇물과 바다가 만나는 곳으로
알을 낳으러 가요.

**무태장어**
먼 바다로 알을 낳으러 가요.

# 냇물을 거슬러 오르는 물고기

**황복**
가까운 바다에서 살다가 냇물로 가서 알을 낳아요.

**빙어**
가까운 바다에서 살다가 냇물로 가서 알을 낳아요.
사람들이 댐이나 호수에 풀어놓은 빙어들은
그곳에서 계속 살기도 해요.

**날망둑**
가까운 바다에서 살다가
냇물로 가서 알을 낳아요.

**큰가시고기**
가까운 바다에서 살다가
냇물로 가서 알을 낳아요.

**철갑상어**
가까운 바다나 냇물 아래쪽에서 살다가
냇물의 여울로 가서 알을 낳아요.

**연어**
멀리 알래스카까지 갔다가
동해와 이어진 냇물로 가서 알을 낳아요.

**황어**
가까운 바다에서 살다가
냇물을 거슬러 올라 알을 낳아요.

**산천어**
암컷은 먼바다에 나가 살다가
냇물을 거슬러 올라 그곳에서 살던
수컷과 만나 알을 낳아요.

# 물고기를 먹는 물고기

물고기는 물속에 잠긴 돌과 바위에 붙어 있는 돌말이나 물풀을 뜯어 먹기도 하고,
플랑크톤이나 작은 물벌레, 애벌레, 새우 따위를 먹고 살기도 해요.
그런데 다른 동물을 잡아먹는 사자나 호랑이처럼 어린 물고기나 몸집이 자기보다
작은 물고기를 먹고 사는 물고기들이 있어요. 물고기를 먹는 물고기를 한번 만나 볼까요?

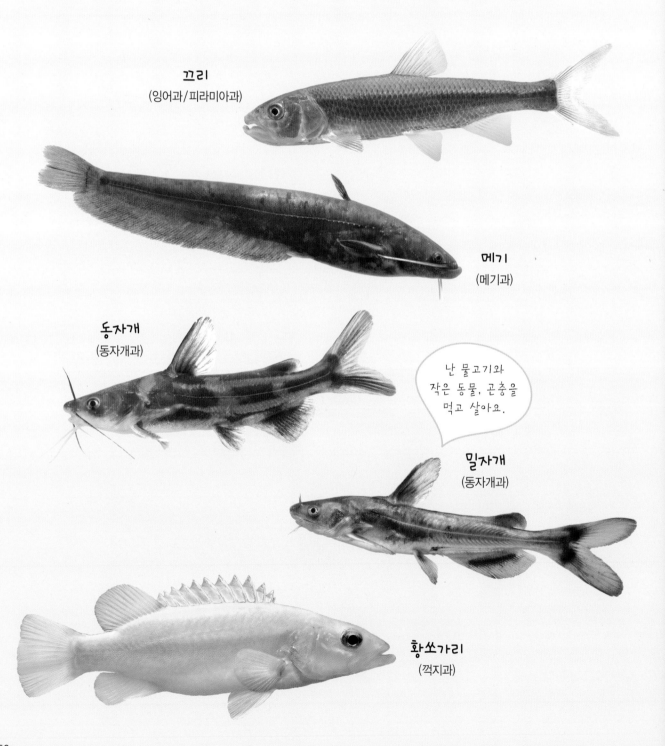

**끄리**
(잉어과/피라미아과)

**메기**
(메기과)

**동자개**
(동자개과)

난 물고기와
작은 동물, 곤충을
먹고 살아요.

**밀자개**
(동자개과)

**황쏘가리**
(꺽지과)

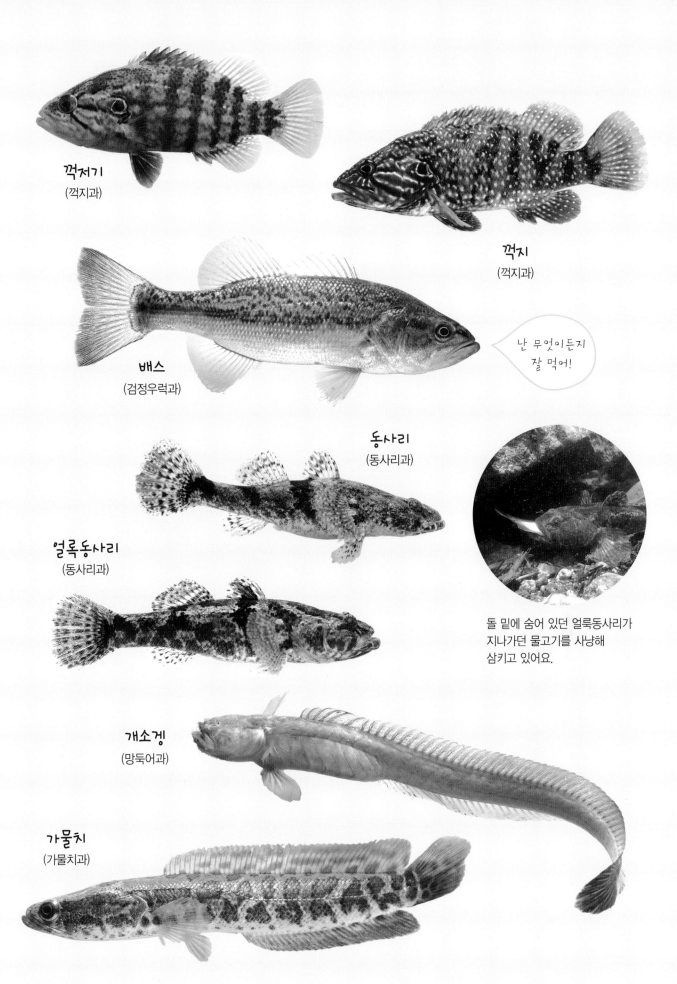

꺽저기
(꺽지과)

꺽지
(꺽지과)

배스
(검정우럭과)

난 무엇이든지
잘 먹어!

동사리
(동사리과)

얼룩동사리
(동사리과)

돌 밑에 숨어 있던 얼룩동사리가
지나가던 물고기를 사냥해
삼키고 있어요.

개소겡
(망둑어과)

가물치
(가물치과)

# 물고기의 이웃사촌

물속에는 물고기뿐만 아니라 여러 가지 생물이 살고 있어요.
물고기의 이웃사촌을 알아보아요.

냇가에서 나를 한번 찾아보세요.

나는 자라서 멋진 왕잠자리가 될 거야!

다슬기

가재

참게

우렁이

어미의 배 속에서 깨어난 새끼가 밖으로 나왔어요.

게아재비

물방개

왕잠자리 애벌레

장구애비

징거미새우

줄새우

생이

물고기나 게를
냠냠 잡아먹고
살아요.

자라

무당개구리는
천적이 다가오면 배를
뒤집어 깜짝 놀라게 해요.

청개구리

무당개구리

펄쩍 멀리까지
뛸 수 있어요!

두꺼비

북방산개구리

참개구리

말조개

**글·사진  노세윤**

담수어 생태 연구가, 사진가이며, 1991년부터 우리나라 담수어 생태에 관심을 갖고 현재까지 전국을 누비며
열정적으로 어류의 생태를 사진과 영상으로 담아내고 있습니다. 현재 사단법인 한국민물고기보존협회 이사이자
한국산 담수어 콘텐츠개발 전문사인 네이처코리아의 대표입니다. 담수어 도감류 집필과 홍보 및 보호 활동,
어류 모니터링, 자문 등의 활동을 하고 있으며 유튜브 계정 '피쉬아이 어드벤처'를 운영하고 있습니다.
지은 책으로 2006년 과학기술부 인증 우수과학 도서 및 2006년 환경부 선정 우수환경 도서인《특징으로 보는
한반도 민물고기》,《물고기 검색 도감》,《물고기 쉽게 찾기》,《안양천의 민물고기》,《손바닥 민물고기 도감》,
《우리 물고기 이야기》,《봄·여름·가을·겨울 물고기 도감》,《세계 관상어·수초 도감》 등이 있습니다.

**그림 류은형**

서울과학기술대학교 조형예술학과를 졸업하였으며 교과서, 동화책, 학습지 등의 다양한 분야에서
왕성한 활동을 하고 있습니다. 아이들의 감성을 자극하는 아기자기하고 예쁜 그림들을 선보이고 있습니다.
그린 책으로《어린이 식물 비교 도감》,《엉뚱한 공선생과 자연탐사반》,《직업 스티커 도감》,
《세계 국기 스티커 도감》,《처음 만나는 사자소학》,《처음 만나는 명심보감》 등이 있습니다.

# 어린이 물고기 비교 도감

**1쇄 –** 2015년 5월 12일
**5쇄 –** 2021년 11월 25일
**글·사진 –** 노세윤
**그림 –** 류은형
**발행인 –** 허진
**발행처 –** 진선출판사(주)
**편집 –** 김경미, 이미선, 권지은, 최윤선, 최지혜
**디자인 –** 고은정, 김은희
**총무·마케팅 –** 유재수, 나미영, 김수연, 허인화
**주소 –** 서울시 종로구 삼일대로 457 (경운동 88번지) 수운회관 15층
　　　전화 (02)720–5990 팩스 (02)739–2129
　　　홈페이지 www.jinsun.co.kr
**등록 –** 1975년 9월 3일 10–92

※ 책값은 뒤표지에 있습니다.

글·사진  노세윤, 2015
편집  진선출판사(주), 2015

ISBN 978-89-7221-903-3  64400
ISBN 978-89-7221-826-5 (세트)

진선 아이는 진선출판사의 어린이책 브랜드입니다.
마음과 생각을 키워 주는 책으로 어린이들의 건강한 성장을 돕겠습니다.